BEI GRIN MACHT SICH IHR WISSEN BEZAHLT

- Wir veröffentlichen Ihre Hausarbeit, Bachelor- und Masterarbeit

- Ihr eigenes eBook und Buch - weltweit in allen wichtigen Shops

- Verdienen Sie an jedem Verkauf

Jetzt bei www.GRIN.com hochladen und kostenlos publizieren

Bibliografische Information der Deutschen Nationalbibliothek:

Die Deutsche Bibliothek verzeichnet diese Publikation in der Deutschen National-
bibliografie; detaillierte bibliografische Daten sind im Internet über http://dnb.d-
nb.de/ abrufbar.

Impressum:

Copyright © 2018 GRIN Verlag
Druck und Bindung: Books on Demand GmbH, Norderstedt Germany
ISBN: 9783668852044

Dieses Buch bei GRIN:

https://www.grin.com/document/452230

Patrick Meyer

Steigende Intensität von Hurrikans. Vom Menschen verursacht, oder natürlicher Wandel anhand Irmas

GRIN Verlag

Jahrgangsstufe 12

Facharbeit

Thema: Steigende Intensität von Hurrikans – vom Menschen verursacht, oder natürlicher Wandel am Beispiel Irmas

Verfasser: Patrick Meyer

Leistungskurs: Erdkunde

Datum: 20. Februar 2018

Inhaltsverzeichnis

Patrick Meyer

1. Einleitung

,,Das "große Monster" trifft auf Florida" schrieb die Tagesschau am 11. September 2017. [1] Wieder einmal bildete sich ein Hurrikan mit enormer Kraft und zog in Richtung Amerika. Mittlerweile sind Hurrikans keine Seltenheit mehr. Jedes Jahr entstehen die tropischen Wirbelstürme, die gefühlt ungebremst über Land und Meer hinwegziehen und dabei unzählige Schäden anrichten. Die Frage, die man sich stellt, ist, ob der Mensch mit seiner Gier nach Reichtum und seiner nicht möglichen Betrachtung der Folgen Schuld an der steigenden Intensität hat, und wenn dem so ist, was er dagegen machen kann, damit es nicht jedes Jahr heißt ,, viele Tote durch extremen Hurrikan ".

Da ich mich allgemein gerne mit dem Thema Wetter beschäftige und mir das Beobachten des Wettergeschehens Spaß macht, interessiere ich mich auch für Wetterextreme wie z.B. Wirbelstürme. Von der Entstehung über ihre Laufbahn bis hin zum Auftreffen auf das Land fasziniert mich auch ihre zerstörerische Kraft, die leider viele Menschenleben und materielle Schäden fordert.

Weil es gerade in den letzten Jahren vermehrt heftige Hurrikane gab (z.B. Harvey), habe ich mich mit der Frage auseinandergesetzt, ob eine Verbindung zwischen dieser Intensität und dem Klimawandel vorliegen könnte.

Zu Beginn werde ich erklären, was überhaupt ein Hurrikan ist, wie er sich bildet und wie er aufgebaut ist. Anschließend werde ich die Entstehung und den Verlauf des Hurrikans Irma aus dem Jahr 2017 beschreiben. Danach werde ich mich damit beschäftigen, dass es auffällig ist, dass die Intensität zunimmt und der Mensch relativ wenig dagegen unternimmt und die Frage behandeln, ob der Mensch Verursacher dieses Problems ist. Zum Schluss werde ich mögliche Lösungen und ein Fazit angeben.

---

[1] Das "große Monster" trifft auf Florida ; Tagesschau ;
https://www.tagesschau.de/ausland/hurrikan-irma-147.html ; Artikel erschienen am 11.09.2017
; Zugriff am 05.01.2017

Patrick Meyer

2. Was ist ein Hurrikan?

Doch was ist überhaupt ein Hurrikan? Schließlich ist nicht jeder Wirbelsturm ein Hurrikan. Zuerst muss man sagen, dass es sich um einen tropischen Wirbelsturm handelt, was bedeutet, dass er im Bereich der Tropen entsteht. [2] Jedoch ist auch ein Taifun [3] oder ein Zyklon [4] ein tropischer Wirbelsturm. Sie unterscheiden sich einzig und allein in ihren Gebieten, in denen sie auftreten. Wird der Begriff Taifun im Nordwestpazifik benutzt [5], findet man Zyklone eher im Indischen Ozean oder im Südwestpazifik. [6] Dagegen verwendet man im Nordatlantik, im Karibischen Meer, im Golf von Mexiko und im Nordost-Pazifik den Begriff Hurrikan. [7]

2.1. Allgemeine Bildung von Hurrikanen

Ansammlungen von Gewitterwolken über dem Festland Nordafrikas bilden die sogenannten „tropischen Wellenstörungen", auch „easterly waves" genannt, die mit den Passaten in Richtung östlichen Atlantik ziehen. [8] Liegt eine geringe Windscherung vor und beträgt die Wassertemperatur mehr als 27°C, sind die Bedingungen für die Bildung eines Hurrikans optimal. [9] Unter Windscherung versteht man die „plötzliche scharfe Änderung der Richtung und/oder der Geschwindigkeit des Windes". [10]

---

[2] vgl. Hurrikan ; DWD ;
https://www.dwd.de/DE/service/lexikon/Functions/glossar.html?nn=103346&lv2=101094&lv3=1
01216 ; Zugriff am 27.12.2017
[3] vgl. Taifun; DWD ;
https://www.dwd.de/DE/service/lexikon/Functions/glossar.html?nn=103346&lv2=102672&lv3=1
02726 ; Zugriff am 27.12.2017
[4] vgl. Zyklon ; DWD ;
https://www.dwd.de/DE/service/lexikon/Functions/glossar.html?nn=103346&lv2=103272&lv3=1
03336 ; Zugriff am 27.12.2017
[5] siehe Fußnote [3]
[6] siehe Fußnote [4]
[7] siehe Fußnote [2]
[8] vgl. Sävert, Thomas : Gibt es Hurrikane im Winter (Artikel vom 12.01.2016) ;
http://wetterkanal.kachelmannwetter.com/gibt-es-hurrikane-im-winter/ ; Zugriff am 27.12.2017
[9] vgl. Hurrikan ; DWD ;
https://www.dwd.de/DE/service/lexikon/Functions/glossar.html?nn=103346&lv2=101094&lv3=1
01216 ; Zugriff am 27.12.2017
[10] Windscherung ; DWD ;
https://www.dwd.de/DE/service/lexikon/Functions/glossar.html?lv2=102936&lv3=103186 ;
Zugriff am 27.12.2017

Durch die hohen Temperaturen verdunstet das Wasser über dem Meer, und es bilden sich Wolken. Dadurch, dass die warme Luft aufsteigt, entsteht am Boden niedriger Luftdruck. Dieser wird durch nachströmende feuchtwarme Luft ausgeglichen, die aber immer direkt verdunstet und nach oben steigt, während immer mehr Wolken entstehen. Oben angekommen, kühlt die warme Luft ab, kondensiert und fällt als Niederschlag herab. So bildet sich ein unendlicher Kreislauf, der den zukünftigen Hurrikan mehr und mehr verstärkt.

Zusätzlich werden bei der Kondensation Luftpakete frei, die „der Luft einen zusätzlichen Auftrieb" verleihen und „die eigentliche Antriebsquelle der [...] Wirbelbildung" darstellen. [11]

Den endgültigen Schritt zur Bildung eines Hurrikans bildet die Corioliskraft. Mit ihr ist die „ablenkende Kraft der Erdrotation" gemeint. [12] Sie bringt die Luft zum Zirkulieren, „auf der Nordhalbkugel entgegen dem Uhrzeigersinn und auf der Südhalbkugel im Uhrzeigersinn" [13] , sodass sich der typische Wirbel bildet.

2.2. Bildung Irmas

Irma war ursprünglich eine tropische Welle über Westafrika, die sich verstärkte, und am 30. August 2017 westlich der Kapverdischen Inseln, bei ca. 16,4° nördlicher Breite und 30,3° westlicher Länge, zum tropischen Sturm ernannt wurde. [14]

---

[11] Entstehung eines Hurrikans ; Diercke ; https://www.diercke.de/content/entstehung-eines-hurrikans-978-3-14-100770-1-193-5-0?&stichwort=hurrikan ; Zugriff am 28.12.2017
[12] Corioliskraft ; Spektrum ; http://www.spektrum.de/lexikon/geographie/corioliskraft/1442 ; Zugriff am 30.12.2017
[13] Eriksson, Kenneth; Estep, Donald; Johnson, Claes ; Angewandte Mathematik : Body and Soul, Band 3 : Analysis in mehreren Dimensionen; Springer Spektrum 2005, Kapitel 62 : Meteorologie und Corioliskraft
[14] Ruppert, Thomas : Hurrikan IRMA ; Wetterdienst ; http://www.wetterdienst.de/Deutschlandwetter/Thema_des_Tages/2827/hurrikan-irma ; Artikel erschienen am 06.09.2017 ; Zugriff am 27.12.2017

Patrick Meyer

2.3. Verlauf Irmas

Als tropischer Sturm deklariert, bewegte sich Irma mit einer Geschwindigkeit von ca. 16-24 Kilometern pro Stunde Richtung Westen und steuerte auf die Karibik zu.

Am 31. August um 11 Uhr AST (Atlantic Standard Time) stufte das National Hurricane Center Irma als Hurrikan der Stufe 2 nach der Saffir-Simpson-Hurrikanskala [15] mit Spitzengeschwindigkeiten von 160 Kilometern pro Stunde ein. Zu diesem Zeitpunkt befand sich der Hurrikan schon bei ca. 16,9° nördlicher Breite und 33,8° westlicher Länge. Und diese Richtung hielt an. Mit einer geringen Geschwindigkeit (ca. 16 Kilometer pro Stunde) steuerte Irma Richtung West Nordwest. Nur kurze Zeit später wurde Irma erneut hochgestuft. Um 17 Uhr AST handelte es sich um einen Hurrikan der dritten Stufe. Mit Geschwindigkeiten bis zu 185 Kilometern pro Stunde befand sich der Sturm bei ca. 17,3° nördlicher Breite und 34,8° westlicher Länge. Fast unverändert bewegte sich Irma von dort an westwärts.

Nachdem der Hurrikan erst strikt in Richtung Westen zu wandern schien, veränderte sich die Laufbahn, und er zog ab dem 02. September gegen 5 Uhr AST Richtung West Südwest. Somit nahm er direkten Kurs auf den östlichen Teil der Karibik mit den kleinen Antillen. Die Situation verschlimmerte sich, als sich Irma erneut verstärkte und zum Hurrikan der Stufe 4 aufstieg. Dies war am 04. September gegen 17 Uhr AST der Fall, als sich der Sturm nicht weit vor der Karibik befand (bei ca. 16,7° nördliche Breite und 54,4° westliche Länge), und das NHC bereits Warnungen für die genannten Inseln herausgab. Zu dem Zeitpunkt waren Windgeschwindigkeiten mit bis zu 209 Kilometern pro Stunde möglich, und damit war es nicht genug.

---

[15] vgl. Saffir-Simpson-Hurrikanskala ; DWD ;
https://www.dwd.de/DE/service/lexikon/begriffe/S/Saffir-Simpson-Hurrikanskala.html ; Zugriff am 28.12.2017

Patrick Meyer

Am 05. September um 8 Uhr AST gab es Spitzengeschwindigkeiten bis ca. 281 km/h, sodass es sich um die höchstmögliche Hurrikan-Stufe 5 handelte. Immer stärker werdend zog der Hurrikan auf die Karibik zu. Und so kam es, wie es kommen musste.

Am 06. September um 2 Uhr AST traf Irma die kleinen Antillen mit maximalen Windgeschwindigkeiten von bis zu 297 km/h und hatte somit den ersten Landfall. Das bedeutet, dass der Sturm dort erstmals auf Land getroffen ist, und er seine Energie, die er aus dem Wasser bezog, nicht mehr erhalten konnte [16].

Ungestört zog der Hurrikan Richtung West Nordwest weiter und traf zwischen 11 und 14 Uhr AST die Insel Puerto Rico und hinterließ auch dort eine Spur der Verwüstung. Die Dominikanische Republik und Haiti erreichte das Auge des Sturms am 07. September gegen 17 Uhr EST (Eastern Standard Time) nicht direkt. Doch auch sie blieben nicht ohne Schäden, denn der Sturm hatte schon eine extreme Größe erreicht, die fast der Fläche der Insel entsprach. Nachdem das Auge an den Turks- und Caicosinseln vorbeizog, bewegte sich Irma zwischen kleinen Teilen der Bahamas und Kuba. Schließlich traf das Auge Kuba am 09. September bei ca. 22,5° nördlicher Breite und 78,8° westlicher Länge um 5 Uhr EST. Zu diesem Zeitpunkt handelte es sich um einen Hurrikan der 4. Stufe. Irma zog an der Nordküste Kubas entlang und schwächte sich dabei ab, da er am Morgen des 09. Septembers seinen zweiten Landfall hatte. So nahmen die Geschwindigkeiten von 5 Uhr EST bis 20 Uhr EST ab und lagen bei maximal 193 km/h, was einem Hurrikan der Stufe 3 entspricht. Auch die Geschwindigkeit, mit der sich Irma fortbewegte, nahm ab und lag bei 11 km/h. Von dort an änderte sich auch die Laufbahn. Steuerte er vorher in Richtung West Nordwest, bewegte sich Irma ab dem 10. September Richtung Norden, sodass er direkt auf den US-Bundesstaat Florida zusteuerte.

---

[16] vgl. Hurrikan ; Spektrum ; http://www.spektrum.de/lexikon/geographie/hurrikan/3620 ; Zugriff am 28.12.2017

Patrick Meyer

Mit der Kursänderung gewann der Sturm auch an Stärke, da er sich von dem kubanischen Festland entfernte und sich wieder über dem Wasser befand.

Als Hurrikan der Stufe 4 traf das Auge die Florida Keys am 10. September um 8 Uhr EST. Nachdem der Sturm ohne Veränderung weiterzog, hatte er seinen dritten Landfall am 10. September um 17 Uhr EST an der Westküste Floridas bei Naples.

Von diesem Zeitpunkt an schwächte sich Irma gewaltig ab. Waren es beim Landfall noch maximal 177 km/h, lagen die Spitzengeschwindigkeiten elf Stunden später bei nur noch 120 km/h, sodass es sich hierbei um die Hurrikan-Stufe 1 handelte. Drei Stunden später stufte das NHC ihn als Tropischen Sturm ein. Irma war weiterhin von immenser Größe. Der Sturm erstreckte sich über die US-Bundesstaaten Florida, Georgia, Alabama, Süd-Carolina, bewegte sich nun Richtung Nord Nordwest und wurde immer schwächer, bis am 11. September gegen 20 Uhr EST die maximalen Geschwindigkeiten 72 km/h betrugen. Drei Stunden später endete die Laufbahn Irmas bei ca. 32,4° nördlicher Breite und 84,9° westlicher Länge an der Grenze der Bundesstaaten Alabama und Georgia, als er nun als tropisches Tiefdruckgebiet galt. [17]

3. Auffälliger Anstieg

Betrachtet man die Aktivitäten der Hurrikane in den letzten Jahrzehnten, scheint es, als wenn sowohl Anzahl, als auch Intensität zunehmen würden. Diese Aktivität hat auch das Geophysical Fluid Dynamics Laboratory (GFDL), ein Bereich der National Oceanic and Atmospheric Administration (NOOA) entdeckt.

---

[17] alle Informationen zum Verlauf Irmas von : IRMA Graphics Archive ; NHC ;
https://www.nhc.noaa.gov/archive/2017/IRMA_graphics.php?product=3day_cone_no_line_and
_wind ; Zugriff am 28.12.2017

Patrick Meyer

In dem Bericht „Global Warming and Hurricanes: An overview of Current Research Results"[18] wird beschrieben, dass ein Zusammenhang zwischen den Wasseroberflächentemperaturen (engl. SST) und dem „Power Dissipation Index (PDI) " vorliegt. Letzterer ist eine Kennziffer der Hurrikan-Aktivität, welche Häufigkeit, Intensität und Dauer in einem Wert zusammenfasst.

„Beide Werte (SST und PDI) sind seit den 70er-Jahren deutlich angestiegen, und es gibt Anzeichen, dass der PDI in den jüngsten Jahren größer als in vorherigen Jahrzehnten war." [19] Außerdem wird hinzugefügt, dass „ aktuelle Klimamodelle zeigen, dass sich die Atlantische Wasseroberflächentemperatur im 21. Jahrhundert dramatisch erwärmen wird." [20]

Des Weiteren wird gesagt, dass „es wahrscheinlich ist, dass der Treibhauseffekt im kommenden Jahrhundert intensivere Hurrikane mit höherem Niederschlag verursachen wird." [21]

Weitere Modelle besagen allerdings auch, dass es wenig Beweise dafür gibt, dass der Klimawandel zum Anstieg des PDIs und der Anzahl von tropischen Stürmen oder Hurrikanen beitragen wird. [22] In der Zusammenfassung des Berichtes wird erklärt, dass „obwohl [...] Modelle einen großen Anstieg von Hurrikanen der Stufen 4-5 vorhersagen, sie davon ausgehen, dass solch ein Anstieg nicht bis zur zweiten Hälfte des Jahrhunderts erkennbar wäre." [23] (alle wörtlichen und sinngemäßen Zitate aus dem Bericht wurden wörtlich übersetzt)

---

[18] Global Warming and Hurricanes - An overview of Current Research Results ; GFDL ; https://www.gfdl.noaa.gov/global-warming-and-hurricanes/ ; zuletzt geändert am 11.12.2017 ; Zugriff am 29.12.2017

[19] am angegebenen Ort ; Kapitel 2 A ; Zugriff am 29.12.2017

[20] am angegebenen Ort ; Kapitel 2 C ; Zugriff am 29.12.2017

[21] ebenda

[22] ebenda

[23] am angegebenen Ort ; Kapitel 2 E ; Zugriff am 29.12.2017

Patrick Meyer

3.1. Zusammenhang Klimawandel und Hurrikan-Aktivität

,,Doch was ist überhaupt das Problem, wenn die Wassertemperaturen steigen? " , könnte man sich jetzt fragen. Höhere Wassertemperaturen sorgen dafür, dass das Wasser noch schneller verdunstet und somit es schneller zur Bildung von Gewitterwolken kommt. So kann es dazu führen, dass sich früher Hurrikane bilden und diese auch heftiger ausfallen können.

Gleichzeitig werden auch in der oberen Troposphäre die Temperaturen ansteigen und die Windscherungen zunehmen. Jedoch haben diese beiden Aspekte eher negative Auswirkungen auf die Entstehung von Hurrikanen. [24]

3.2. Anthropogener Klimawandel oder natürliches Ereignis?

Die Frage, die man sich berechtigterweise stellt, ist, ob der Mensch Verursacher von diesem Problem ist, oder ob es sich um einen Wandel handelt, der ohne menschlichen Einfluss stattfindet. Blickt man auf die Statistiken, wird einem klar, dass es sich eigentlich um ein vom Menschen verursachtes Problem handeln muss.

Seit 1960 stiegen die weltweiten CO_2 – Emissionen von ca. 10 Milliarden Tonnen auf 25 Milliarden im Jahre 2000 und in weiteren vier Jahren auf ca. 27 Milliarden Tonnen.[25] Kohlenstoffdioxid bestärkt den natürlichen Treibhauseffekt. Bei dem Treibhauseffekt dringt ,,kurzwellige Strahlung […] von der Sonne […] durch die Lufthülle zur Erdoberfläche, erwärmt diese und wird von dort als langwellige Wärmestrahlung […] abgegeben." [26]

---

[24] vgl. am angegebenen Ort ; Kapitel 2 C ; Zugriff am 29.12.2017
[25] vgl. Global Emissions of CO2 From Fossil Fuels: 1900-2004 ; World Resources Institute
http://www.wri.org/resources/charts-graphs/global-emissions-co2-fossil-fuels-1900-2004 ;
Zugriff am 03.02.2018
[26] Podbregar, Nadja; Schwanke, Karsten; Frater, Harald ; Wetter, Klima, Klimawandel – Wissen für eine Welt im Umbruch ; Springer-Verlag Berlin Heidelberg 2009, S. 20

Patrick Meyer

Bei dem Treibhauseffekt dringt ,,kurzwellige Strahlung [...] von der Sonne [...] durch die Lufthülle zur Erdoberfläche, erwärmt diese und wird von dort als langwellige Wärmestrahlung [...] abgegeben." [27] Gase, die sich in unserer Atmosphäre befinden, ,,können diese Strahlung absorbieren und dadurch die Wärme in der Atmosphäre halten." [28]

Kommen nun weitere Gase hinzu oder erhöht sich die Anzahl der Gase, wie z.B. Kohlenstoffdioxid, wird dieser Effekt intensiviert, wodurch die Temperaturen steigen. [29] Zu den Treibhausgasen zählt auch Methan, welches vor allem durch die Landwirtschaft emittiert wird. Sowohl Tiere (z.B. Rinder), als auch Pflanzen (z.B. Reis) stoßen Methan aus [30], was durch die Intensivierung der Landwirtschaft verstärkt wird. Einen weiteren entscheidenden Faktor bildet die Abholzung der tropischen Regenwälder. Durch sie gelangen weitere 1,5 Milliarden Tonnen CO_2 in unsere Atmosphäre, was ca. 20% der vom Menschen verursachten Emissionen ausmacht [31]. Der Deutsche Wetterdienst hat eine Tabelle veröffentlicht [32], in der die Temperaturabweichungen von der NOAA, der NASA und dem MetOffice (meteorologischer Dienst Großbritanniens) verglichen werden. [33]

Bei einem Blick auf die Tabelle erkennt man, dass sich die Werte meist nur minimal voneinander unterscheiden. Es ist auch auffällig, dass die Jahre 2015, 2017 und 2016 die (zweit-/dritt-) wärmsten Jahre waren. Bestärkt wird dies durch Statistiken des National Climatic Data Center, einem weiteren Bereich der NOAA. Sieht man sich die Veränderungen der Land- und Wassertemperaturen an, steigen diese an.

---

[27] Podbregar, Nadja; Schwanke, Karsten; Frater, Harald ; Wetter, Klima, Klimawandel – Wissen für eine Welt im Umbruch ; Springer-Verlag Berlin Heidelberg 2009, S. 20
[28] ebenda
[29] vgl. ebenda
[30] am angegebenen Ort, S. 22
[31] am angegebenen Ort, S. 23
[32] Globale Durchschnittstemperatur – Tabelle ; DWD ;
https://www.dwd.de/DE/service/lexikon/begriffe/G/Globale_Durchschnittstemperatur_pdf.pdf?
__blob=publicationFile&v=5 ; Zugriff am 02.01.2018
[33] vgl. Globale Durchschnittstemperatur ; DWD ;
https://www.dwd.de/DE/service/lexikon/Functions/glossar.html?lv2=100932&lv3=101038 ;
Zugriff am 02.01.2018

Patrick Meyer

Nahmen sie bis 1910 immer mehr ab, wurde die Abnahme danach immer geringer und wechselte in eine Zunahme. Seit 1940 stiegen die Temperaturen bis auf zwischenzeitliche Senkungen zwischen 1946 und 1977. Von dort an stieg die Zunahme bis zuletzt in 2016 auf +0,94°C pro Jahr. [34]

Die Frage ist, ob die Anstiege schon jetzt die Hurrikan-Aktivität beeinflussen, oder ob sich erst in der Zukunft die Folgen zeigen werden. Die NOAA meint, dass es noch verfrüht sei, zu sagen, dass der Mensch mit dem Klimawandel Schuld an dem Wandel ist. [35] Im weiteren Verlauf erklärt sie, „dass der Mensch bereits Veränderungen ausgelöst haben kann, die noch nicht erfasst wurden, weil es sich um so geringe Änderungen handelt." [36]

Es wird sich also in der Zukunft zeigen, ob die oben genannten Veränderungen Hurrikane intensivieren werden.

4. Mögliche Veränderungen

Ist der Mensch wirklich der Grund für den Wandel, muss man sich als „normaler Bürger", und erst recht als Politiker die Frage stellen, was man ändern kann und vor allem ändern muss.

---

[34] vgl. Climate at a Glance : Global Time Series ; NOAA ; https://www.ncdc.noaa.gov/cag/time-series/global/globe/land_ocean/12/12/1900-2017?trend=true&trend_base=100&firsttrendyear=1880&lasttrendyear=2017 ; zuletzt geändert am 03.02.2018; Zugriff am 03.02.2018

[35] vgl. Global Warming and Hurricanes - An overview of Current Research Results ; https://www.gfdl.noaa.gov/global-warming-and-hurricanes/ ; zuletzt geändert am 11.12.2017 ; Zugriff am 06.01.2018 ; Kapitel 2 E

[36] ebenda

4.1. Politische Veränderungen

Natürlich klingt es einfach, wenn man sagt, man reduziert die Energiegewinnung durch fossile Energieträger und nutzt mehr und mehr regenerative Energien. Dies trifft allerdings in der heutigen Welt auf wenig Zustimmung. Da wäre im Westen der amerikanische Präsident Donald Trump, der alles, was ihm nicht passt, mit „Fake News" abstempelt. Knapp ein halbes Jahr nach seiner Vereidigung erklärte er kurzerhand den Austritt aus dem Pariser Klimaabkommen, einem Abkommen, in dem sich 195 Länder darauf einigten, „den Anstieg der weltweiten Durchschnittstemperatur auf deutlich unter 2°C [...] zu begrenzen" und „rasche [...] Emissionssenkungen auf Grundlage der besten [...] Erkenntnisse" zu erreichen. [37]

Im Osten hat man den russischen Präsidenten Wladimir Putin, der im März 2017 den Klimawandel „nicht durch den Menschen verursacht" sieht und meint, „ihn zu stoppen sei unmöglich." [38] Auch China trägt mit mehr als 25% des weltweiten CO_2 - Ausstoßes deutlich zur Globalen Erwärmung bei. [39]

Deutschland versuchte bis zuletzt die Treibhausgasemissionen bis 2020 um mindestens 40% zu senken und 18% des Bruttoendenergieverbrauchs aus erneuerbaren Energien zu gewinnen. [40] Dass das Land das Ziel bis 2020 noch erreicht, ist nach aktuellem Stand unmöglich.

---

[37] Pariser Übereinkommen ; Europäische Kommission
https://ec.europa.eu/clima/policies/international/negotiations/paris_de ; Zugriff am 03.01.2018
[38] Putin hält Klimawandel nicht für menschengemacht ; Die Welt ; Beitrag erschienen am 30.03.2017 ; Zugriff am 04.01.2018
[39] Die zehn größten CO_2 – emittierenden Länder nach Anteil an den weltweiten Emissionen im Jahr 2016 ; Statista ; https://de.statista.com/statistik/daten/studie/179260/umfrage/die-zehn-groessten-c02-emittenten-weltweit/ ; Zugriff am 04.01.2018
[40] Klimapolitische Ziele der Bundesregierung ; Umweltbundesamt ;
https://www.umweltbundesamt.de/daten/klima/klimaschutzziele-deutschlands#textpart-2 ;
Zugriff am 04.01.2018

Patrick Meyer

Noch schlimmer ist, dass man sich bei den Sondierungsgesprächen bzw. bei den Koalitionsverhandlungen (Stand 03.02.2018) darauf einigte, die genannten Klimaziele bis 2020 aufzugeben. [41] Es wird sich zeigen, ob die neue Regierung die Ziele bis 2030 strenger angehen wird, oder ob es auch kurz vor 2030 heißen wird: ,,Deutschland verpasst selbsternannte Klimaziele!"

Fakt ist aber auch, dass, wenn man nicht zielstrebig und ernst an das Thema Klimaschutz herangeht, man nicht viel erreichen kann. Es nützt nichts tatenlos zuzusehen, wie der Klimawandel voranschreitet. Es wird Handlungen brauchen und nicht endloses Gerede über mögliche Lösungen, wie sie seit Jahren präsentiert werden, welche im Endeffekt wieder überfällig sind.

Doch auch wenn Deutschland allein versucht, gegen den Klimawandel anzugehen, wird es nicht reichen. Selbst wenn alle EU-Mitgliedsstaaten sich dafür einsetzen, wird es schwierig.

Eine der Hoffnungen kann das Pariser Klimaabkommen sein, denn schließlich ist der weltweit größte Emittent China Mitglied dieses Abkommens.

Ein weiterer Schritt in die richtige Richtung wird die UN-Klimakonferenz gewesen sein, die 2017 in Bonn stattgefunden hat. Bei dieser einigte man sich darauf, dass in 2018 und 2019 bilanziert werden soll, ,,wie weit die Staaten in ihrer Anstrengung Treibhausgase zu mindern und in der Erfüllung ihrer Finanzzusagen gekommen sind." Dem zugehörig ist ,,die Zusage, die Klimafinanzierung in Höhe von jährlich 100 Milliarden Dollar [...] zu mobilisieren." [42]

---

[41] Stratmann, Klaus ; Heide, Dana ; Klimaziele ade ; Handelsblatt ;
http://www.handelsblatt.com/politik/deutschland/groko-sondierungen-klimaziel-ade/20825912.html ; Artikel erschienen am 08.01.2018 ; Zugriff am 20.01.2018
[42] vgl. Verpflichtungen bis 2020 ; Bundesministerium für Umwelt, Naturschutz, Bau und Reaktorsicherheit ;
https://www.cop23.de/fileadmin/Daten/PDF/cop23_wichtigste_ergebnisse_bf.pdf ; Zugriff am 05.01.2018

Patrick Meyer

Dahingegen stellt sich auch hier die Frage, ob es den globalen Klimawandel bremst, wenn Länder wie die USA nicht bereit sind, auch ihren Anteil am Klimaschutz zu tragen.

4.2. Persönliche Veränderungen

Auch wenn man als Bürger gefühlt wenig ändern kann, kann man zumindest einen kleinen Beitrag leisten, den Klimawandel nicht zu befeuern, wie es an anderen Orten der Welt der Fall ist. Aber auch hier ist es wieder leichter gesagt als getan. Man hat sich an viele Dinge, wie z.B. mit dem Auto zur Arbeit zu fahren, gewöhnt und lässt sich nicht einfach dazu überreden, öfter das Fahrrad oder öffentliche Verkehrsmittel zu benutzen. Ein weiterer Punkt ist unsere Ernährung. Statt regionale und damit auch meistens qualitativ hochwertigere Produkte zu kaufen, greifen viele Menschen lieber zu günstigeren Waren, die meist aus weit entfernten Ländern zu uns geliefert werden. Dabei verursacht vor allem der Transport mit dem Flugzeug große Mengen an CO_2. Nach einer Studie des Instituts für alternative und nachhaltige Ernährung (IFANE), die in einem Artikel von Spiegel Online beschrieben wird, entstehen „pro Kilogramm Lebensmittel bis zu 170 Mal so viele [...] Emissionen wie bei einem Schiffstransport." [43]

Auch Plastiktüten sind ein heikles Thema. Ihre Produktion kostet wertvolle Ressourcen wie z.B. Erdöl, der Zerfall dauert viele Jahre und „Tiere verwechseln Plastiktüten häufig mit Nahrung."[44] Seit dem 01. Juli 2016 werden diese Tüten in Deutschland nicht mehr kostenlos verteilt.

---

[43] Dambeck, Holger (hda) ; Klimaschädliche Transporte – Pro Tag fliegen 140 Tonnen Lebensmittel nach Deutschland ; Spiegel Online ; Artikel erschienen am 14.12.2010 ; Zugriff am 06.01.2018
[44] Plastiktüten ; Umweltbundesamt ; https://www.umweltbundesamt.de/umwelttipps-fuer-den-alltag/haushalt-wohnen/plastiktueten#textpart-3 ; Zugriff am 10.02.2018

Patrick Meyer

Damit versucht die Bundesregierung, die Kunden zum Kauf von umweltschonenderen Tüten zu bewegen und somit den Verbrauch zu senken. Nach Statistiken des Handelsverbandes Deutschland (HDE) sank die Benutzung allein von 2015 auf 2016 von 5,6 Milliarden auf 3,7 Milliarden, was einen Rückgang von 33 % ausmacht. [45]

Auch Elektroautos sind eine Maßnahme, den CO2-Austoß zu verringern. Den Kauf von Elektroautos versucht die Bundesregierung mit dem Anbieten einer Prämie attraktiver zu machen. Der Staat gibt dem Käufer beim Kauf 2000 €, bzw. 1500 € bei einem Hybridauto, hinzu. [46]

Jeder hat also Möglichkeiten, zum Klimaschutz positiv beizutragen.

5. Fazit

Abschließend lässt sich sagen, dass der Mensch deutlich negativen Einfluss auf das Klima nimmt. Es wird sich in der Zukunft zeigen, ob deshalb Hurrikane heftiger werden oder nicht. Jeder Mensch sollte sich die Konsequenzen vor Augen führen, vor allem die Politiker. Anstatt dauerhaft auf Konfrontationskurs zu sein, sollte man zumindest bei diesem Thema kooperieren. Schließlich handelt es sich hier um ein Problem, das jeden Menschen betrifft. Es hilft meiner Meinung nach auch nichts, einfach zu sagen „das bringt doch sowieso nichts". Nur weil es Menschen gibt, die das Leben anderer nicht interessiert, bedeutet das nicht gleichzeitig, dass man das gleiche denken sollte. In vielen Bereichen befindet man sich mittlerweile auf dem richtigen Weg (siehe Plastiktüten, Elektroautos) und man kann nur hoffen, dass sich dieser Trend fortsetzen wird.

---

[45] Ein Drittel weniger Kunststofftüten in Deutschland; Handelsverband Deutschland ; https://www.einzelhandel.de/index.php?option=com_content&view=article&id=9597 ; Artikel erschienen am 14.12.2010 ; Zugriff am 10.02.2018
[46] vgl. Elektromobilität (Umweltbonus); Bundesamt für Wirtschaft und Ausfuhrkontrolle ; http://www.bafa.de/DE/Energie/Energieeffizienz/Elektromobilitaet/elektromobilitaet_node.html ; Zugriff am 10.02.2018

Patrick Meyer

6. Literaturverzeichnis

<u>Buchquellen:</u>

Eriksson, Kenneth; Estep, Donald; Johnson, Claes; Angewandte Mathematik: Body and Soul, Band 3: Analysis in mehreren Dimensionen; Springer-Verlag Berlin Heidelberg 2005, Kapitel 62: Meteorologie und Corioliskraft

Podbregar, Nadja; Schwanke, Karsten; Frater, Harald; Wetter, Klima, Klimawandel – Wissen für eine Welt im Umbruch; Springer-Verlag Berlin Heidelberg 2009

<u>Internetquellen</u>:

Bundesamt für Wirtschaft und Ausfuhrkontrolle; Elektromobilität (Umweltbonus); http://www.bafa.de/DE/Energie/Energieeffizienz/Elektromobilitaet/elektromobilitae t_node.html; Zugriff am 10.02.2018

Bundesministerium für Umwelt, Naturschutz, Bau und Reaktorsicherheit; Verpflichtungen bis 2020; https://www.cop23.de/fileadmin/Daten/PDF/cop23_wichtigste_ergebnisse_bf.pdf; Zugriff am 05.01.2018

Dambeck, Holger (hda); Klimaschädliche Transporte – Pro Tag fliegen 140 Tonnen Lebensmittel nach Deutschland; Spiegel Online ; Artikel erschienen am 14.12.2010; http://www.spiegel.de/wissenschaft/natur/klimaschaedliche-transporte-pro-tag-fliegen-140-tonnen-lebensmittel-nach-deutschland-a-734553.html ; Artikel erschienen am 14.12.2010; Zugriff am 06.01.2018

Diercke; Entstehung eines Hurrikans; https://www.diercke.de/content/entstehung-eines-hurrikans-978-3-14-100770-1-193-5-0?&stichwort=hurrikan; Zugriff am 28.12.2017

Patrick Meyer

DWD; Globale Durchschnittstemperatur;
https://www.dwd.de/DE/service/lexikon/Functions/glossar.html?lv2=100932&lv3=
101038 ; Zugriff am 02.01.2018

DWD; Globale Durchschnittstemperatur - Tabelle;
https://www.dwd.de/DE/service/lexikon/begriffe/G/Globale_Durchschnittstempera
tur_pdf.pdf?__blob=publicationFile&v=5 ; Zugriff am 02.01.2018

DWD; Hurrikan;
https://www.dwd.de/DE/service/lexikon/Functions/glossar.html?nn=103346&lv2=
101094&lv3=101216; Zugriff am 27.12.2017

DWD; Saffir-Simpson-Hurrikanskala;
https://www.dwd.de/DE/service/lexikon/begriffe/S/Saffir-Simpson-
Hurrikanskala.html; Zugriff am 28.12.2017

DWD; Taifun;
https://www.dwd.de/DE/service/lexikon/Functions/glossar.html?nn=103346&lv2=
102672&lv3=102726; Zugriff am 27.12.2017

DWD; Windscherung;
https://www.dwd.de/DE/service/lexikon/Functions/glossar.html?lv2=102936&lv3=
103186; Zugriff am 27.12.2017

DWD; Zyklon;
https://www.dwd.de/DE/service/lexikon/Functions/glossar.html?nn=103346&lv2=
103272&lv3=103336; Zugriff am 27.12.2017

Europäische Kommission; Pariser Übereinkommen;
https://ec.europa.eu/clima/policies/international/negotiations/paris_de; Zugriff am
03.01.2018

GFDL; Global Warming and Hurricanes - An overview of Current Research
Results; https://www.gfdl.noaa.gov/global-warming-and-hurricanes/; zuletzt
geändert am 11.12.2017; Zugriff am 29.12.2017

Patrick Meyer

Handelsverband Deutschland; Ein Drittel weniger Kunststofftüten in
Deutschland;
https://www.einzelhandel.de/index.php?option=com_content&view=article&id=95
97; Zugriff am 10.02.2018

NHC; IRMA Graphics Archive;
https://www.nhc.noaa.gov/archive/2017/IRMA_graphics.php?product=3day_cone
_no_line_and_wind; Zugriff am 28.12.2017

NOAA; Climate at a Glance: Global Time Series;
https://www.ncdc.noaa.gov/cag/time-series/global/globe/land_ocean/12/12/1900-
2017?trend=true&trend_base=100&firsttrendyear=1880&lasttrendyear=2017;
zuletzt geändert am 03.02.2018; Zugriff am 03.02.2018

Ruppert, Thomas: Hurrikan IRMA; Wetterdienst;
http://www.wetterdienst.de/Deutschlandwetter/Thema_des_Tages/2827/hurrikan-
irma; Artikel erschienen am 06.09.2017; Zugriff am 27.12.2017

Sävert, Thomas; Gibt es Hurrikane im Winter; Artikel vom 12.01.2016;
Wetterkanal; http://wetterkanal.kachelmannwetter.com/gibt-es-hurrikane-im-
winter/; Artikel erschienen am 12.01.2016; Zugriff am 27.12.2017

Spektrum; Corioliskraft;
http://www.spektrum.de/lexikon/geographie/corioliskraft/1442; Zugriff am
30.12.2017

Spektrum; Hurrikan; http://www.spektrum.de/lexikon/geographie/hurrikan/3620;
Zugriff am 28.12.2017

Statista; Die zehn größten CO_2 – emittierenden Länder nach Anteil an den
weltweiten Emissionen im Jahr 2016;
https://de.statista.com/statistik/daten/studie/179260/umfrage/die-zehn-groessten-
c02-emittenten-weltweit/; Zugriff am 04.01.2018

Stratmann, Klaus; Heide, Dana; Klimaziele ade; Handelsblatt;
http://www.handelsblatt.com/politik/deutschland/groko-sondierungen-klimaziel-
ade/20825912.html; Artikel erschienen am 08.01.2018; Zugriff am 20.01.2018

Tagesschau; Das "große Monster" trifft auf Florida; Artikel erschienen am
11.09.2017; https://www.tagesschau.de/ausland/hurrikan-irma-147.html; Zugriff
am 05.01.2018

Umweltbundesamt; Klimapolitische Ziele der Bundesregierung;
https://www.umweltbundesamt.de/daten/klima/klimaschutzziele-
deutschlands#textpart-2; Zugriff am 04.01.2018

Umweltbundesamt; Plastiktüten; https://www.umweltbundesamt.de/umwelttipps-
fuer-den-alltag/haushalt-wohnen/plastiktueten#textpart-3; Zugriff am 10.02.2018

World Resources Institute; Global Emissions of CO2 From Fossil Fuels: 1900-
2004; http://www.wri.org/resources/charts-graphs/global-emissions-co2-fossil-
fuels-1900-2004; Zugriff am 03.02.2018